1

2 Kinder sind da.

1 Kind kommt dazu.

Zusammen sind es 3 Kinder.

2 + 1 = ____

2

2 Kinder sind da.

2 Kinder kommen dazu.

Zusammen sind es ____ Kinder.

2 + 2 = ____

3

3 Kinder sind da.

2 Kinder kommt dazu.

Zusammen sind es ____ Kinder.

3 + 2 = ____

4

3 Kinder sind da.

3 Kinder kommen dazu.

Zusammen sind es ____ Kinder.

3 + 3 = ____

QR-Code: Erklärvideo nutzen.
Rechengeschichten erzählen. Rechnen.

Rechengeschichten

Addieren

1

5 + 2 = ____

5 + ____ = ____

2

3 + ____ = ____

3 + ____ = ____

3

4 + ____ = ____

4 + ____ = ____

4

0 + ____ = ____

0 + ____ = ____

QR-Code: Erklärvideo nutzen.
Rechengeschichten erzählen. Rechnen.

Rechengeschichten
Addieren

1

2 + ___ = ___

2

___ + ___ = ___

3

___ + ___ = ___

4

___ + ___ = ___

5

___ + ___ = ___

6

___ + ___ = ___

7

___ + ___ = ___

8

___ + ___ = ___

QR-Code: Erklärvideo nutzen.
Rechengeschichten erzählen. Rechnen.

Rechengeschichten

Besuch im Zoo – Addieren

1

2 + ____ = ____

____ + ____ = ____

2

____ + ____ = ____

____ + ____ = ____

3

____ + ____ = ____

____ + ____ = ____

4

____ + ____ = ____

____ + ____ = ____

Rechengeschichten erzählen und passende Gleichung notieren.

Rechengeschichten

Besuch im Zoo – Addieren

1

2 + ___ = ___

___ + ___ = ___

2

___ + ___ = ___

___ + ___ = ___

3

___ + ___ = ___

___ + ___ = ___

4

___ + ___ = ___

___ + ___ = ___

Rechengeschichten erzählen und passende Gleichung notieren.

Rechengeschichten
Subtrahieren

1

Vorher waren es 2 Kinder.

1 Kind geht weg.

2 − 1 = ____

Jetzt ist es 1 Kind.

2

Vorher waren es 4 Kinder.

2 Kinder gehen weg.

4 − 2 = ____

Jetzt sind es ____ Kinder.

3

Vorher waren es 3 Kinder.

1 Kind geht weg.

3 − 1 = ____

Jetzt sind es ____ Kinder.

4

Vorher waren es 5 Kinder.

2 Kinder gehen weg.

5 − 2 = ____

Jetzt sind es ____ Kinder.

QR-Code: Erklärvideo nutzen.
Im Rollenspiel nachspielen. Die jeweilige Situation und die Subtraktionsgleichung in Beziehung setzen:
Wie viele waren es vorher, wie viele gehen weg und wie viele sind es nachher?

1

Vorher waren es 4 Kinder.

1 Kind geht weg.

Jetzt sind es ____ Kinder.

4 − ____ = ____

2

Vorher waren es 5 Kinder.

3 Kinder gehen weg.

Jetzt sind es ____ Kinder.

5 − ____ = ____

3

Vorher waren es 6 Kinder.

____ Kinder gehen weg.

Jetzt ist es ____ Kind.

6 − ____ = ____

4

Vorher waren es 6 Kinder.

____ Kind geht weg.

Jetzt sind es ____ Kinder.

6 − ____ = ____

QR-Code: Erklärvideo nutzen.
Im Rollenspiel nachspielen. Die jeweilige Situation und die Subtraktionsgleichung in Beziehung setzen:
Wie viele waren es vorher, wie viele gehen weg und wie viele sind es nachher?

Rechengeschichten
Subtrahieren

1

Vorher 3

3 − 1 = ____

Vorher 3

3 − 2 = ____

2

Vorher ____

5 − 2 = ____

Vorher ____

5 − 3 = ____

3

Vorher ____

4 − 1 = ____

Vorher ____

4 − 4 = ____

4

Vorher ____

6 − 1 = ____

Vorher ____

6 − 4 = ____

QR-Code: Erklärvideo nutzen.
Im Rollenspiel nachspielen. Die jeweilige Situation und die Subtraktionsgleichung in Beziehung setzen:
Wie viele waren es vorher, wie viele gehen weg, wie viele bleiben übrig?

Rechengeschichten

Subtrahieren

1

4 − 2 = ____

4 − ____ = ____

2

5 − ____ = ____

5 − ____ = ____

3

6 − ____ = ____

6 − ____ = ____

4

8 − ____ = ____

8 − ____ = ____

QR-Code: Erklärvideo nutzen.
Im Rollenspiel nachspielen. Die jeweilige Situation und die Subtraktionsgleichung in Beziehung setzen: Wie viele waren es vorher, wie viele gehen weg, wie viele bleiben übrig?

1

4 – _1_ = ____

2

6 – ____ = ____

3

6 – ____ = ____

4

7 – ____ = ____

5

8 – ____ = ____

6

7 – ____ = ____

7

5 – ____ = ____

8

5 – ____ = ____

QR-Code: Erklärvideo nutzen.
Im Rollenspiel nachspielen. Die jeweilige Situation und die Subtraktionsgleichung in Beziehung setzen:
Wie viele waren es vorher, wie viele gehen weg, wie viele bleiben übrig?

Rechengeschichten
Im Winter – Addieren

1

3 + 2 = ____

____ + ____ = ____

2

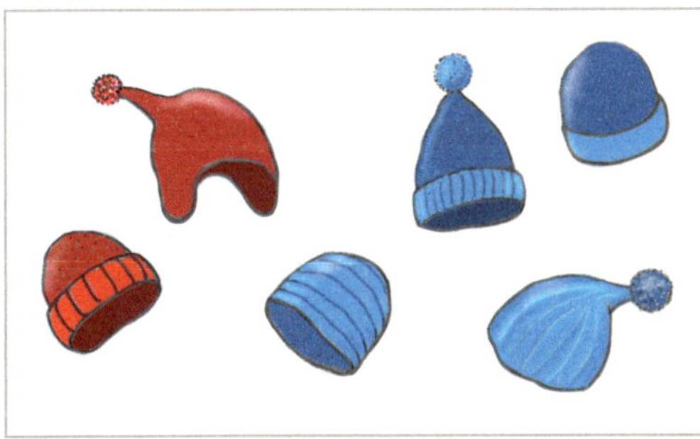

____ + ____ = ____

____ + ____ = ____

3

____ + ____ = ____

____ + ____ = ____

4

____ + ____ = ____

____ + ____ = ____

Rechengeschichten erzählen und rechnen.

Rechengeschichten
Im Winter – Subtrahieren

1

5 – 2 = ____

____ – ____ = ____

2

____ – ____ = ____

____ – ____ = ____

3

____ – ____ = ____

____ – ____ = ____

4

____ – ____ = ____

____ – ____ = ____

Rechengeschichten erzählen und rechnen.

Welche Aufgabe passt zum Bild? Kreuze an. 

1

- ○ 2 + 4 = ___
- ☒ 2 + 3 = 5

2

- ○ 3 + 4 = ___
- ○ 3 + 5 = ___

3

- ○ 3 + 2 = ___
- ○ 4 + 2 = ___

4

- ○ 6 + 3 = ___
- ○ 5 + 3 = ___

5

- ○ 1 + 4 = ___
- ○ 1 + 3 = ___

6

- ○ 4 + 2 = ___
- ○ 4 + 3 = ___

7

- ○ 7 + 2 = ___
- ○ 7 + 1 = ___

8

- ○ 3 + 5 = ___
- ○ 2 + 5 = ___

Rechengeschichten erzählen. Passende Aufgabe ankreuzen und nur diese ausrechnen.

Rechengeschichten
Im Winter – Aufgaben zuordnen

Welche Aufgabe passt zum Bild? Kreuze an. 

1

◯ 6 − 2 = ___

⊗ 4 − 2 = 2

2

◯ 8 − 1 = ___

◯ 7 − 1 = ___

3

◯ 8 − 2 = ___

◯ 6 − 2 = ___

4

◯ 5 − 4 = ___

◯ 9 − 4 = ___

5

◯ 4 − 2 = ___

◯ 2 − 2 = ___

6

◯ 4 − 3 = ___

◯ 7 − 3 = ___

7

◯ 8 − 3 = ___

◯ 5 − 3 = ___

8

◯ 4 − 1 = ___

◯ 5 − 1 = ___

Rechengeschichten erzählen. Passende Aufgabe ankreuzen und nur diese ausrechnen.

1

6 + ___ = ___

___ + ___ = ___

___ + ___ = ___

___ + ___ = ___

2

9 – ___ = ___

___ – ___ = ___

___ – ___ = ___

___ – ___ = ___

Rechengeschichten erzählen und rechnen.

Welche Aufgabe passt zum Bild? Kreuze an.

1

- ○ 4 + 4 = ____
- ⊗ 4 + 3 = 7

2

- ○ 6 + 2 = ____
- ○ 5 + 2 = ____

3

- ○ 5 + 4 = ____
- ○ 6 + 4 = ____

4

- ○ 6 + 5 = ____
- ○ 6 + 4 = ____

5

- ○ 3 − 2 = ____
- ○ 5 − 2 = ____

6

- ○ 6 − 1 = ____
- ○ 5 − 1 = ____

7

- ○ 8 − 2 = ____
- ○ 6 − 2 = ____

8

- ○ 4 − 3 = ____
- ○ 7 − 3 = ____

Rechengeschichten erzählen. Passende Aufgabe ankreuzen und nur diese ausrechnen.

Welches Bild passt zur Aufgabe? Kreuze an. 

1 4 + 3 = ____

2 5 + 4 = ____

3 2 + 4 = ____

4 7 + 3 = ____

Zu einer Aufgabe die passende Rechengeschichte auswählen und ausrechnen.

Rechengeschichten
Auf dem Bauernhof – Bildsachaufgaben zuordnen

Welches Bild passt zur Aufgabe? Kreuze an.

1 5 – 2 = ____

2 8 – 3 = ____

3 5 – 4 = ____

4 10 – 2 = ____

Zu einer Aufgabe die passende Rechengeschichte auswählen und ausrechnen.

Rechengeschichten

Auf dem Wochenmarkt – Addieren und subtrahieren

1

2 + 3 = ____

____ + ____ = ____

____ + ____ = ____

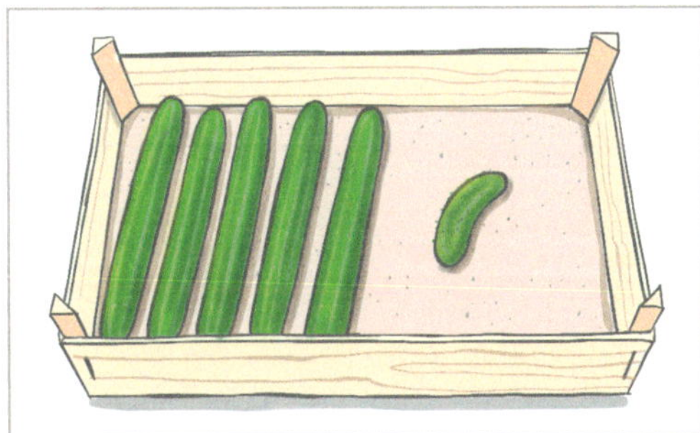

____ + ____ = ____

2

6 – 2 = ____

____ – ____ = ____

____ – ____ = ____

____ – ____ = ____

Rechengeschichten erzählen, Aufgabe notieren und lösen.

Welche Aufgabe passt zum Bild? Kreuze an.

1

☒ 2 + 4 = ____

○ 2 + 6 = ____

2

○ 1 + 4 = ____

○ 1 + 2 = ____

3

○ 5 + 5 = ____

○ 5 + 3 = ____

4

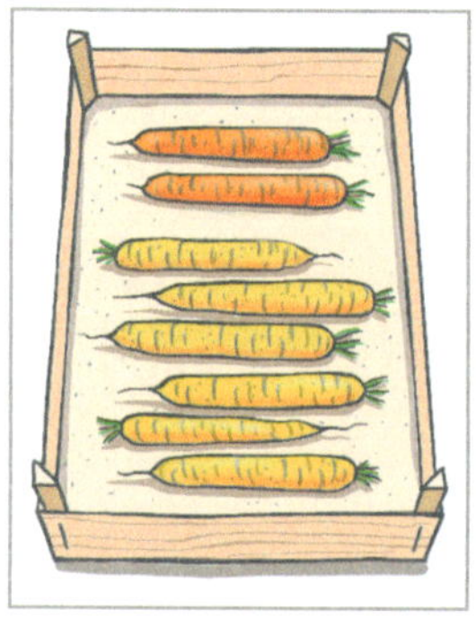

○ 2 + 6 = ____

○ 8 + 2 = ____

5

○ 3 − 1 = ____

○ 4 − 1 = ____

6

○ 4 − 2 = ____

○ 2 − 2 = ____

7

○ 10 − 3 = ____

○ 7 − 3 = ____

8

○ 2 − 2 = ____

○ 10 − 8 = ____

Rechengeschichten erzählen. Passende Aufgabe ankreuzen und nur diese ausrechnen.

Welches Bild passt zur Aufgabe? Kreuze an.

1 3 + 4 = ____

☒ 

○ 

2 7 + 3 = ____

○ 

○ 

3 9 − 2 = ____

○ 

○ 

4 6 − 0 = ____

○ 

○ 

1

___ + ___ = ___

___ + ___ = ___

2

___ – ___ = ___

___ – ___ = ___

3 Welche Aufgabe passt? Kreuze an.

○ 3 + 5 = ___

○ 3 + 2 = ___

○ 4 + 1 = ___

○ 5 + 1 = ___

Zuerst Aufgaben lösen, dann selbst einschätzen.

1

____ ct ____ ct ____ ct ____ ct ____ ct

2 Wie viel Geld hat jedes Kind?

5 ct

____ ct

____ ct

____ ct

____ ct

____ ct

3

____ ct

____ ct

____ ct

____ ct

____ ct

____ ct

Rechengeld legen. Geldbeträge addieren..

1 Lege und zeichne Münzen.

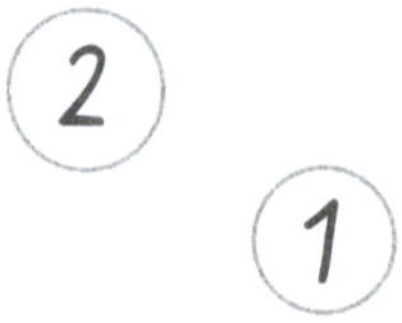

3 ct

5 ct

6 ct

4 ct

7 ct

10 ct

2

11 ct

15 ct

16 ct

12 ct

18 ct

20 ct

Rechengeld legen. Münzen zeichnen.
Verschiedene Möglichkeiten thematisieren.

1

____ Euro ____ Euro ____ Euro ____ Euro ____ Euro

2 Wie viel Geld hat jedes Kind?

5 €

____ €

____ €

____ €

____ €

____ €

3

____ €

____ €

____ €

____ €

____ €

____ €

Rechengeld legen. Geldbeträge addieren.

1 Lege und zeichne Münzen und Scheine.

6 €

7 €

4 €

5 €

8 €

10 €

2

11 €

15 €

12 €

17 €

16 €

20 €

Rechengeld legen. Münzen zeichnen.
Verschiedene Möglichkeiten thematisieren.

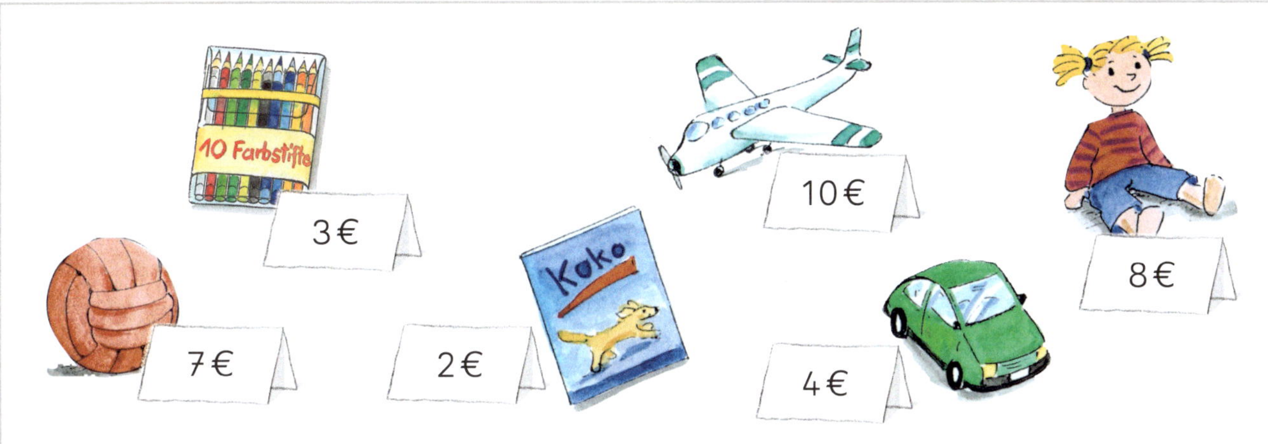

1 Wie viel kostet es jeweils zusammen?

7 € + 2 € = ____ €

____ € + ____ € = ____ €

____ € + ____ € = ____ €

____ € + ____ € = ____ €

2

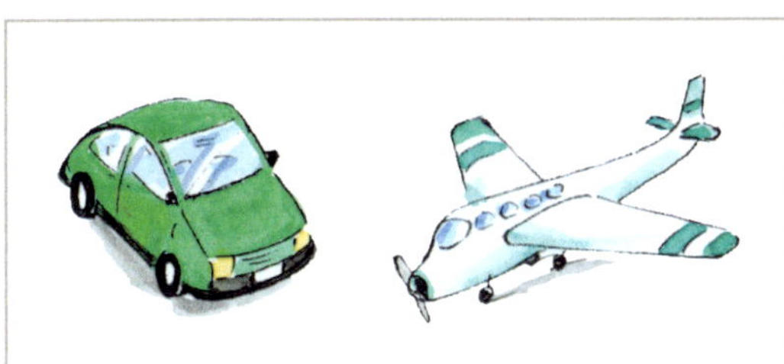

____ € + ____ € = ____ €

____ € + ____ € = ____ €

Mit Rechengeld nachspielen.
Preise zuordnen und Summe berechnen.

1 Wie viel kostet es jeweils zusammen?

____ € + ____ € = ____ €

____ € + ____ € = ____ €

____ € + ____ € = ____ €

____ € + ____ € = ____ €

2

____ € + ____ € = ____ €

____ € + ____ € = ____ €

Mit Rechengeld nachspielen.
Preise zuordnen und Summe berechnen.

1 Wie viel Geld hat jedes Kind?

____ ct ____ ct

____ ct ____ ct

2 Lege und zeichne Münzen und Scheine.

8 € 15 €

3

Wie viel kostet es jeweils zusammen?

____€ + ____€ = ____€ ____€ + ____€ = ____€

Zuerst Aufgaben lösen, dann selbst einschätzen.

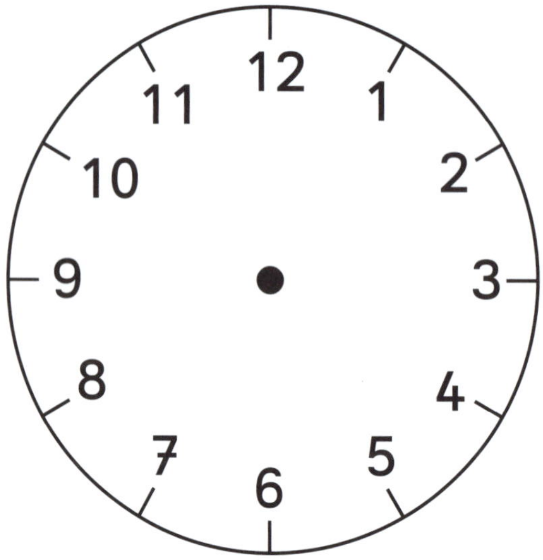

1

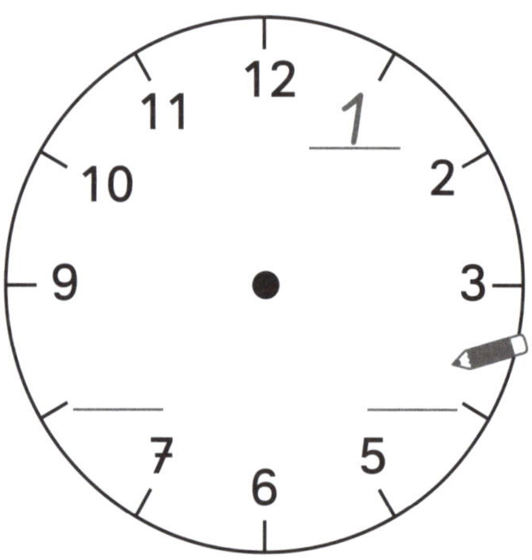

2

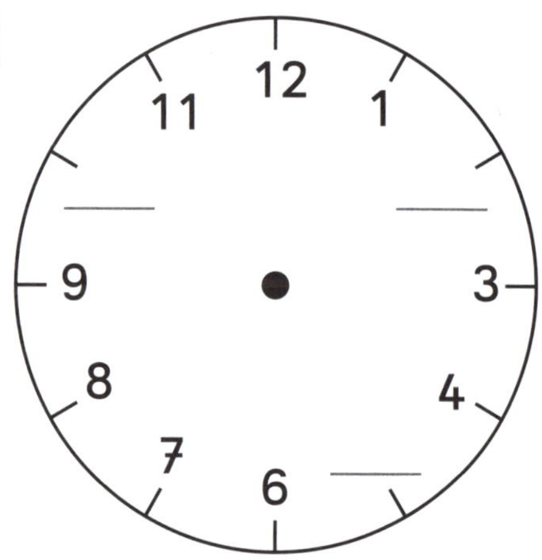

3

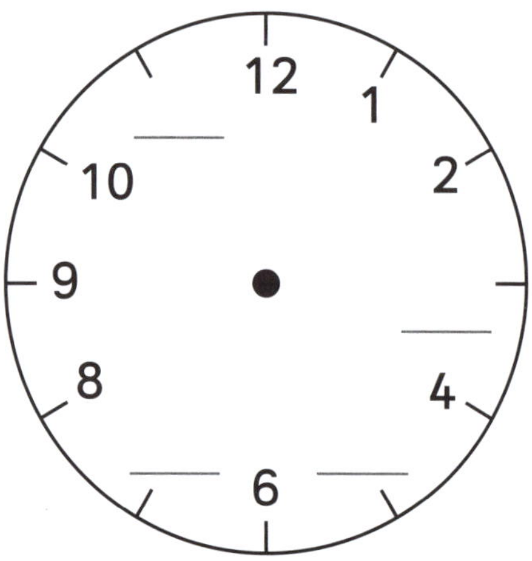

4

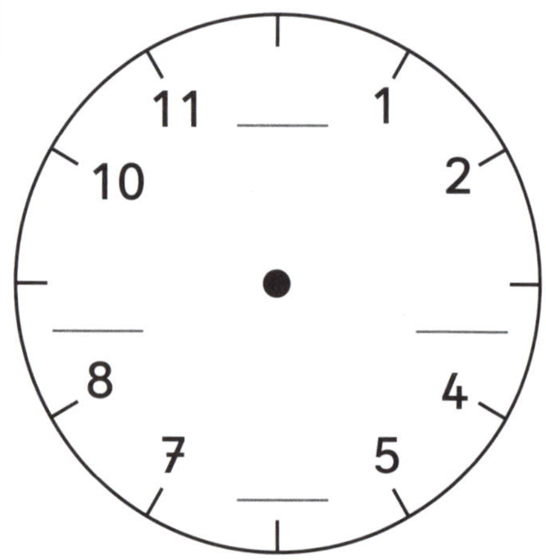

Den Aufbau der Analoguhr besprechen.
Fehlende Ziffern eintragen.

1

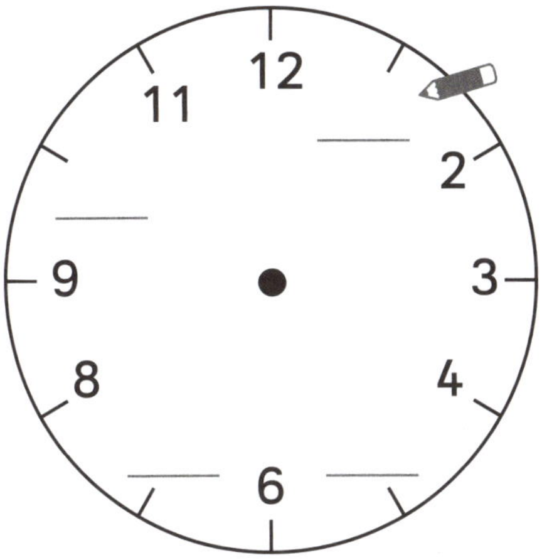

2

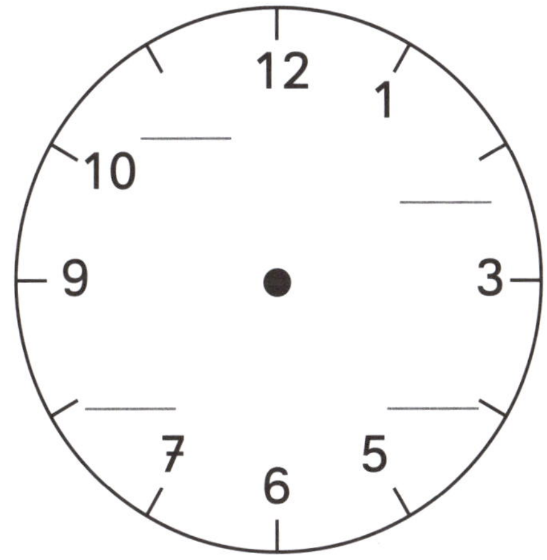

3

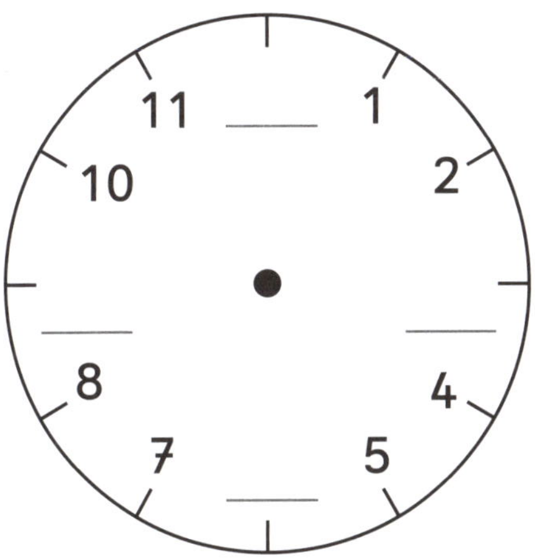

4

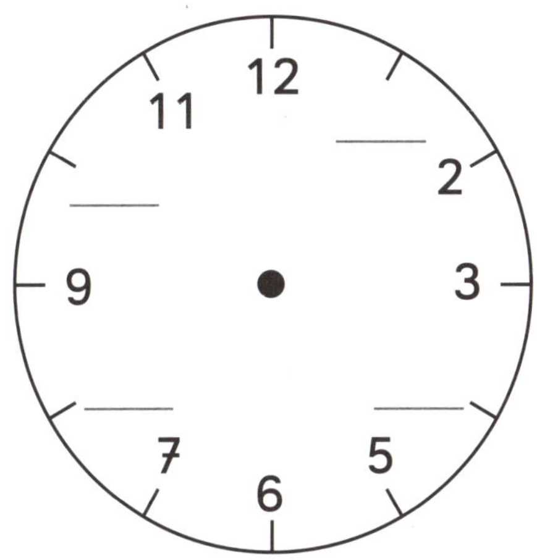

5

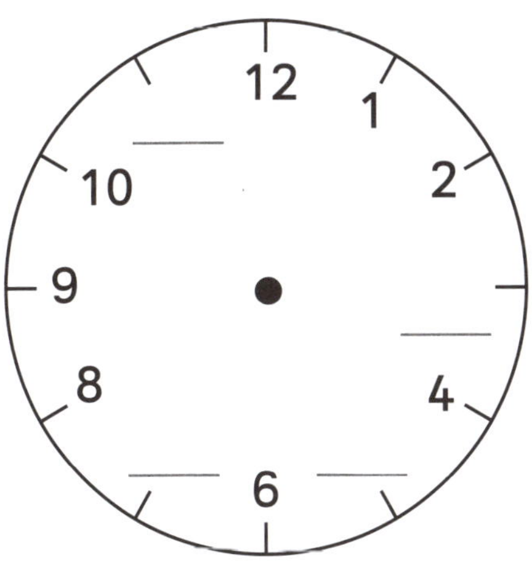

6

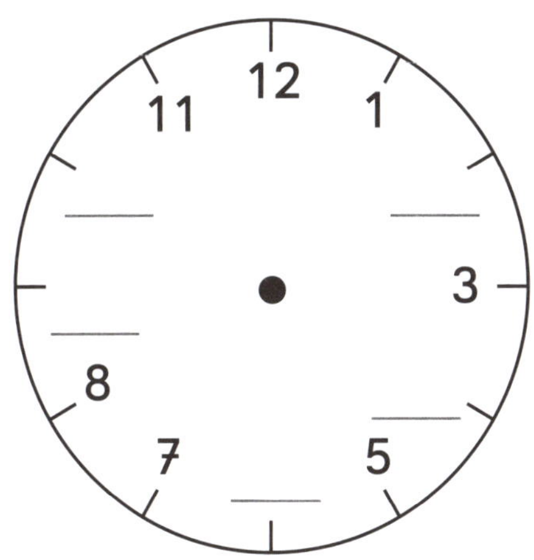

Fehlende Ziffern eintragen.

1

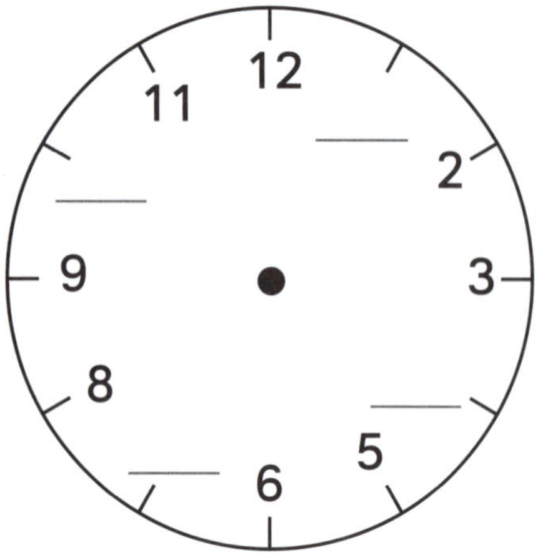

2

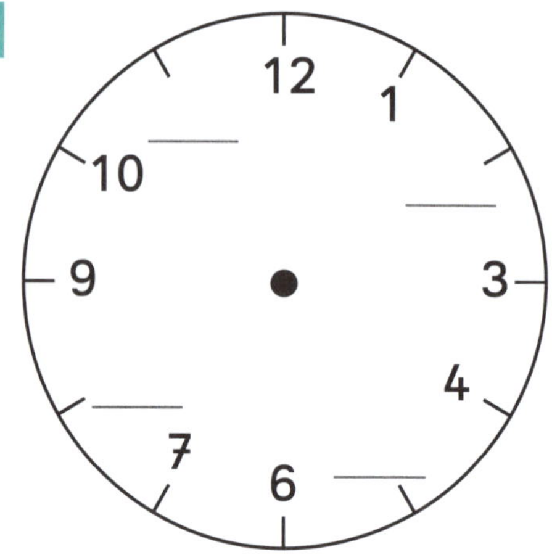

3

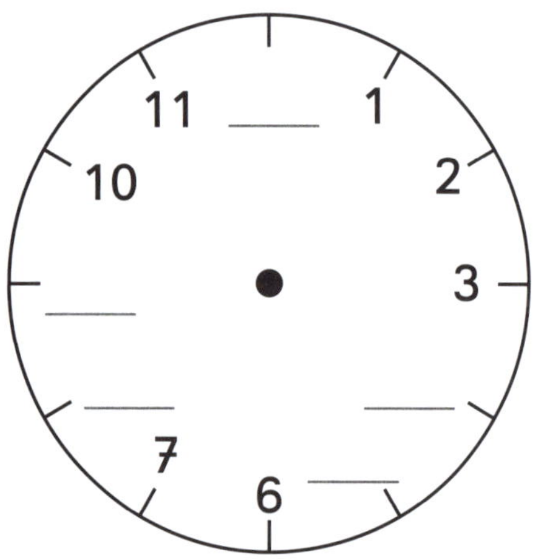

4

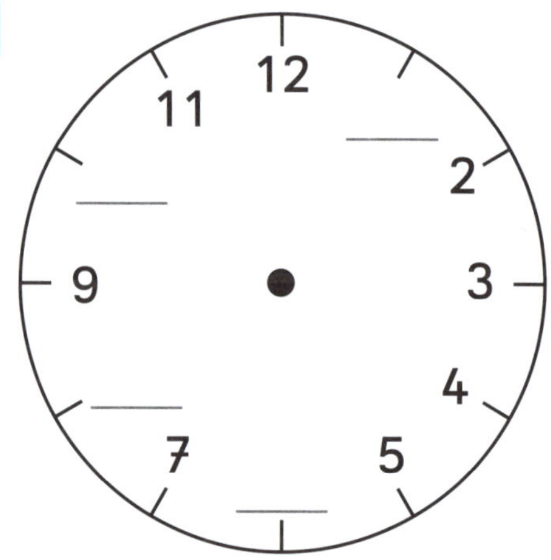

5

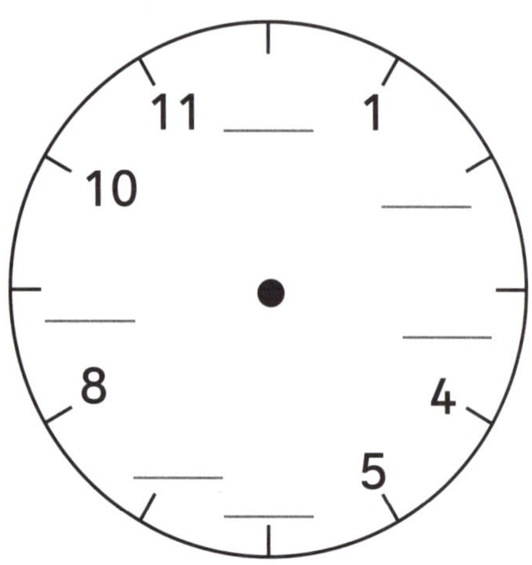

6

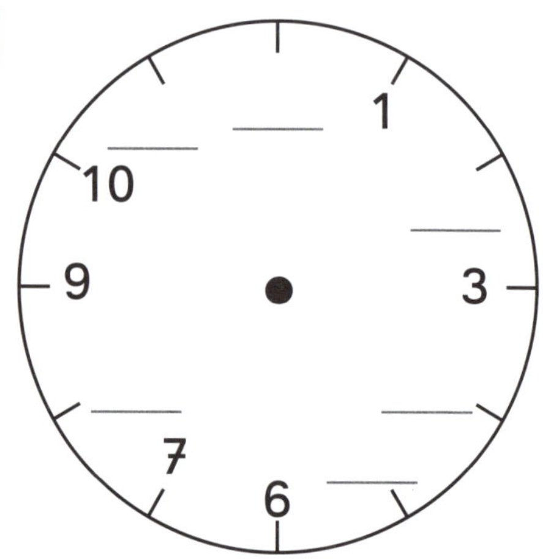

Fehlende Ziffern eintragen.

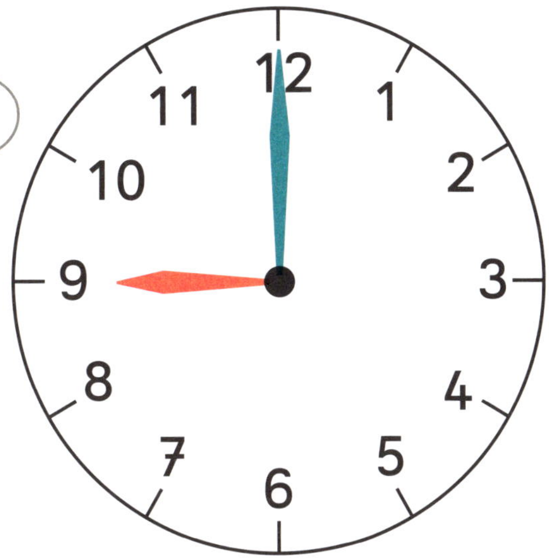

9 Uhr

1

2 Uhr

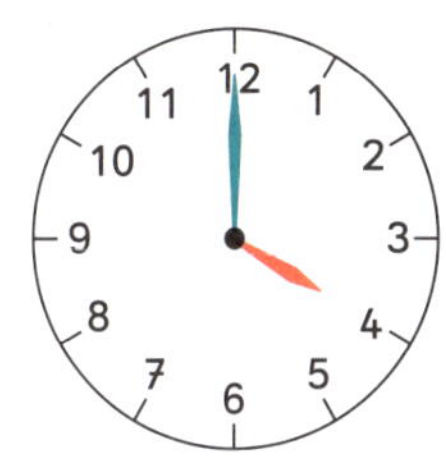

____ Uhr

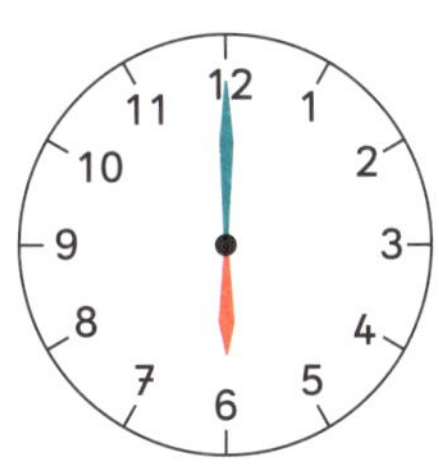

____ Uhr

____ Uhr

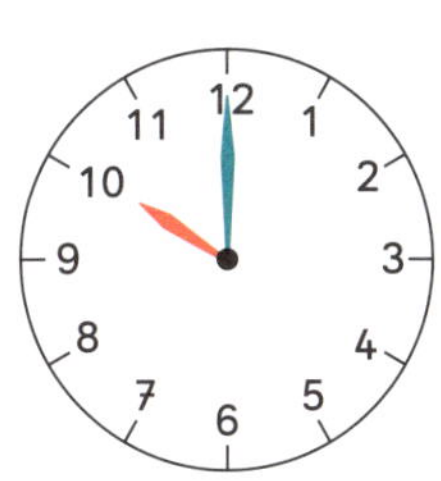

____ Uhr

____ Uhr

QR-Code: Erklärvideo nutzen.
Uhrzeiten auf der Lernuhr einstellen.

1

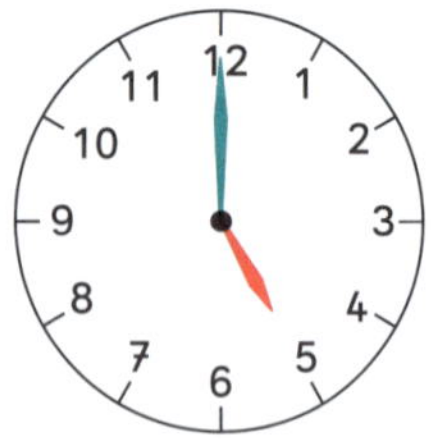

5 Uhr

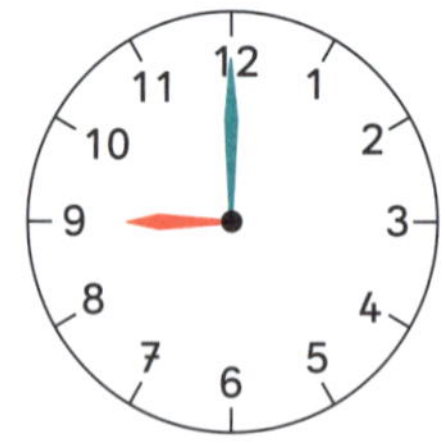

_____ Uhr

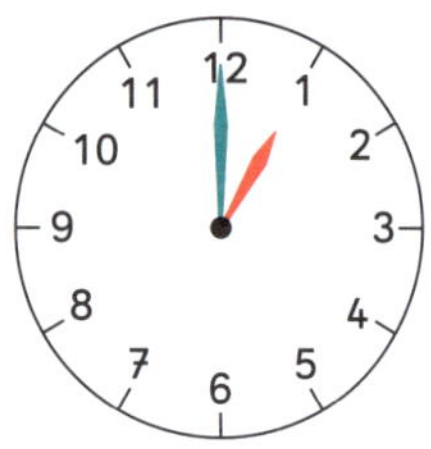

_____ Uhr

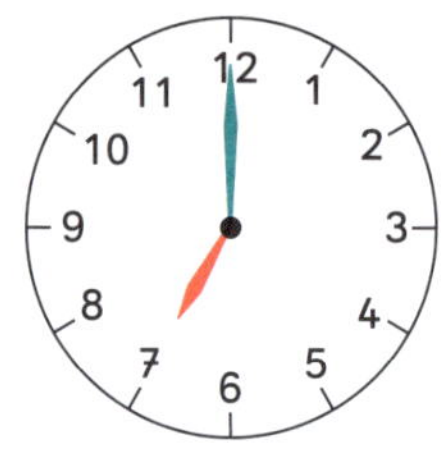

_____ Uhr

2

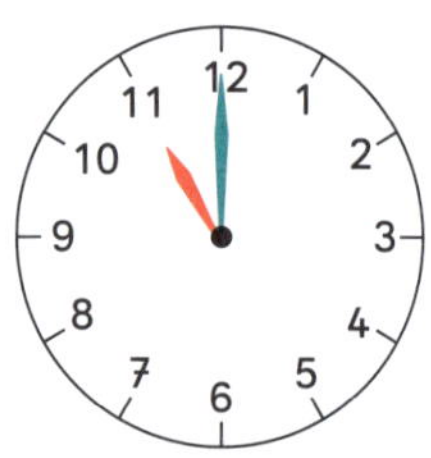

_____ Uhr

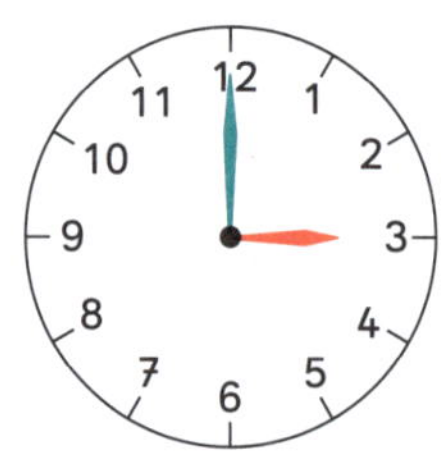

_____ Uhr

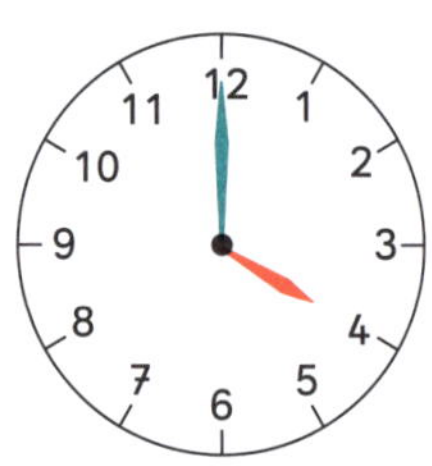

_____ Uhr

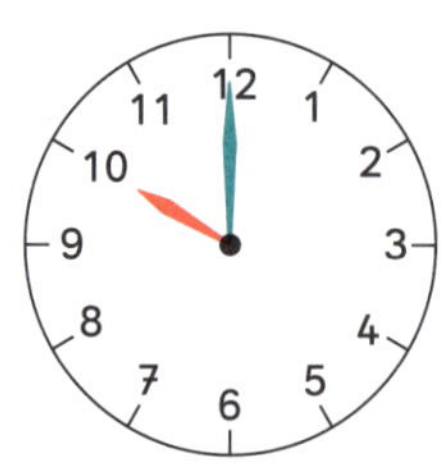

_____ Uhr

QR-Code: Erklärvideo nutzen.
Uhrzeiten auf der Lernuhr einstellen.

1

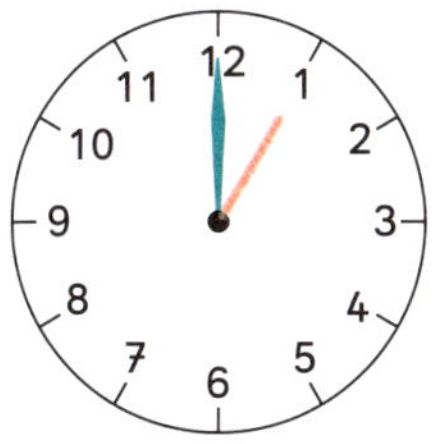

1 Uhr

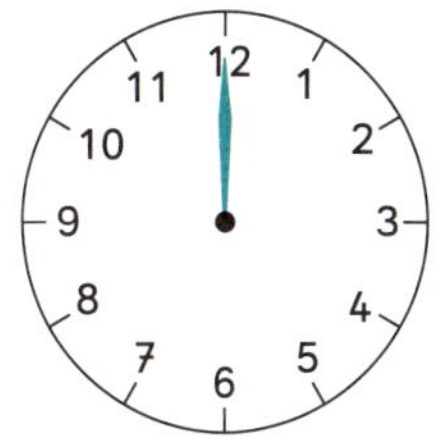

2 Uhr

3 Uhr

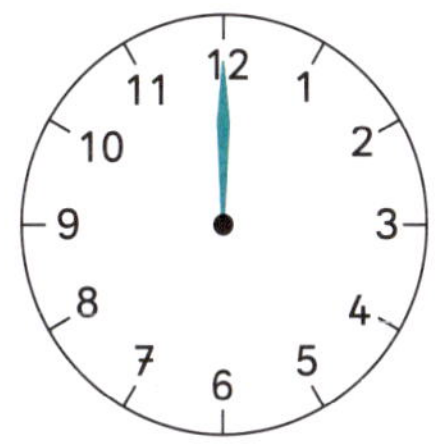

4 Uhr

2

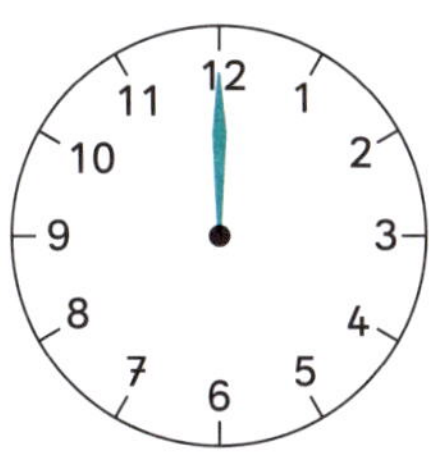

5 Uhr

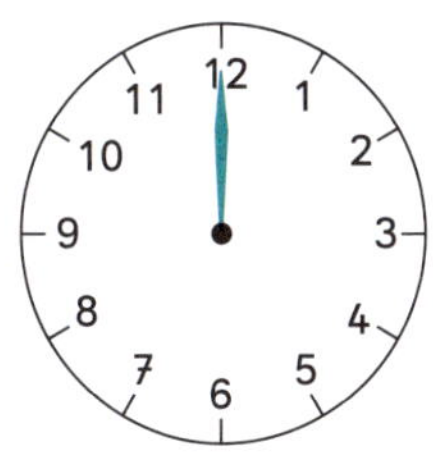

6 Uhr

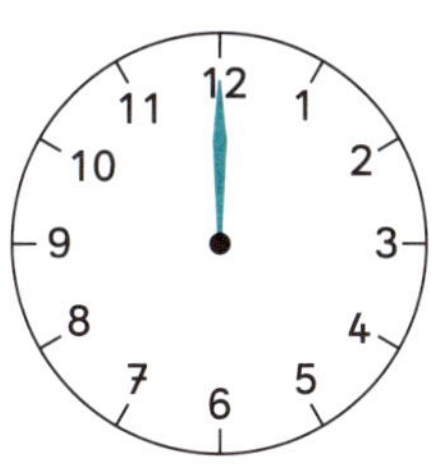

7 Uhr

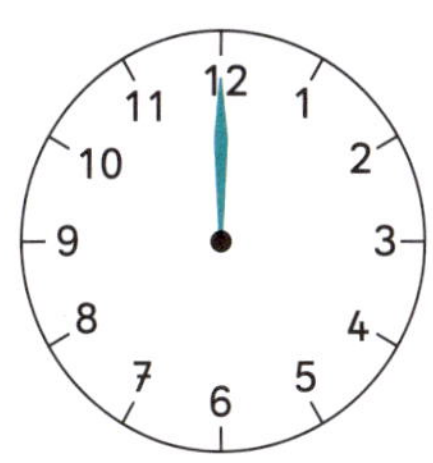

8 Uhr

QR-Code: Erklärvideo nutzen.
Uhrzeiten auf der Lernuhr einstellen. Den Stundenzeiger einzeichnen und beachten, dass er kürzer als der Minutenzeiger ist.

1

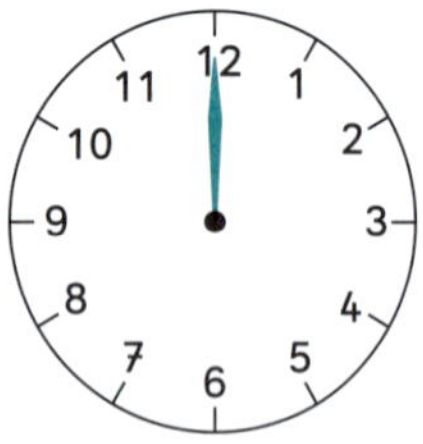

4 Uhr

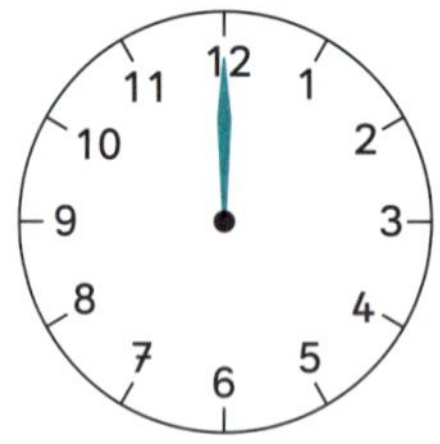

10 Uhr

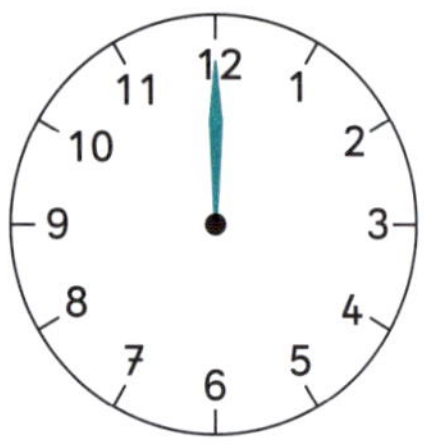

6 Uhr

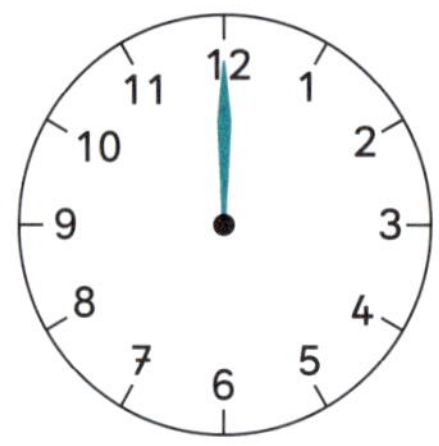

8 Uhr

2

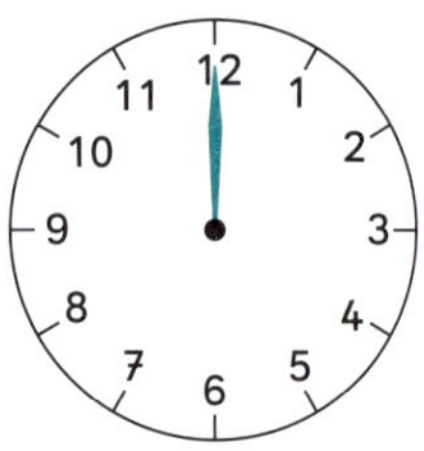

9 Uhr

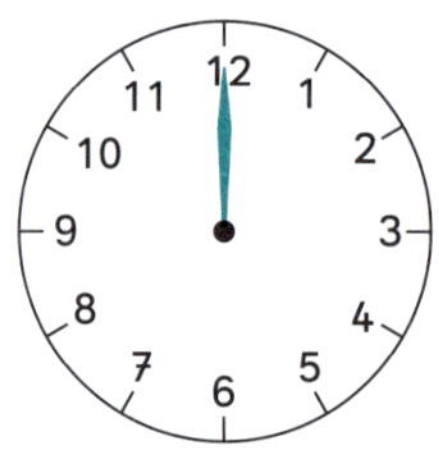

7 Uhr

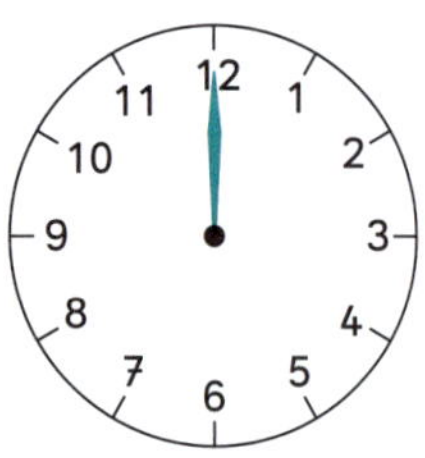

11 Uhr

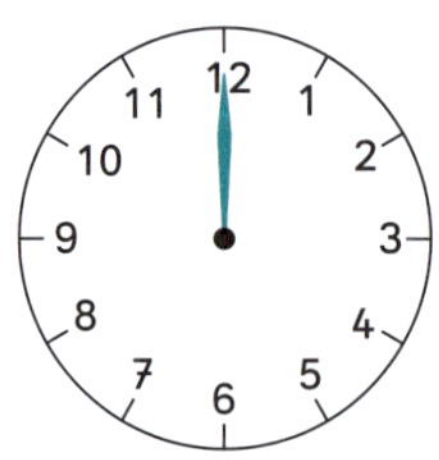

12 Uhr

QR-Code: Erklärvideo nutzen.
Uhrzeiten auf der Lernuhr einstellen. Den Stundenzeiger einzeichnen und beachten, dass er kürzer als der Minutenzeiger ist.

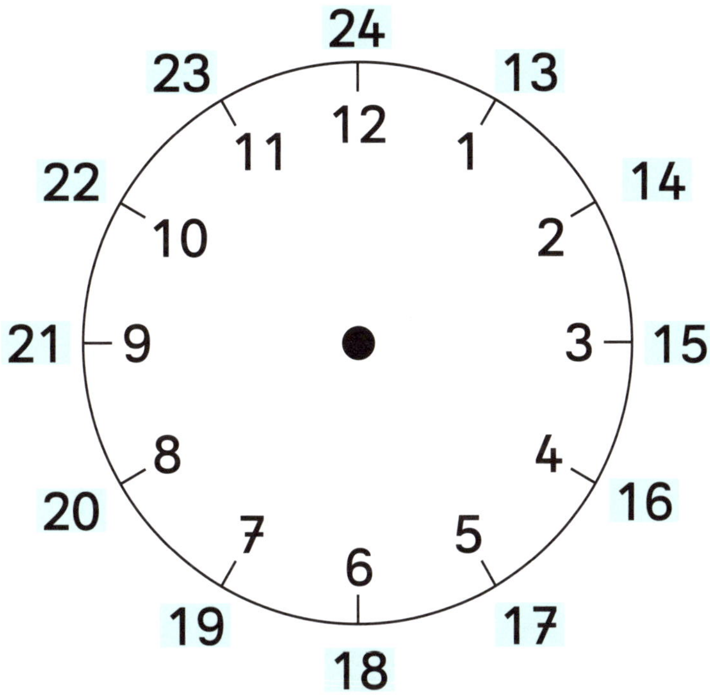

1

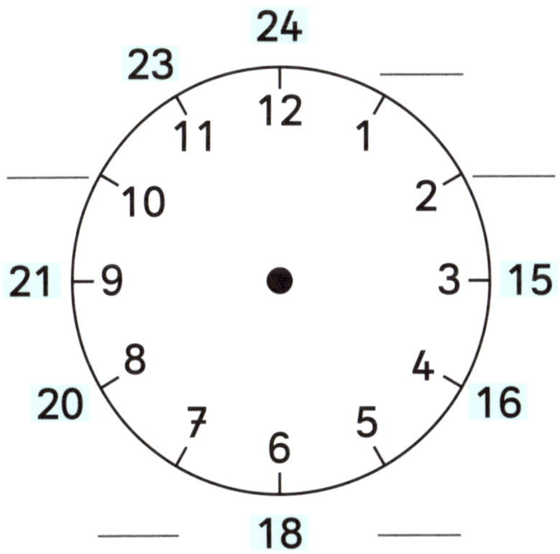

2

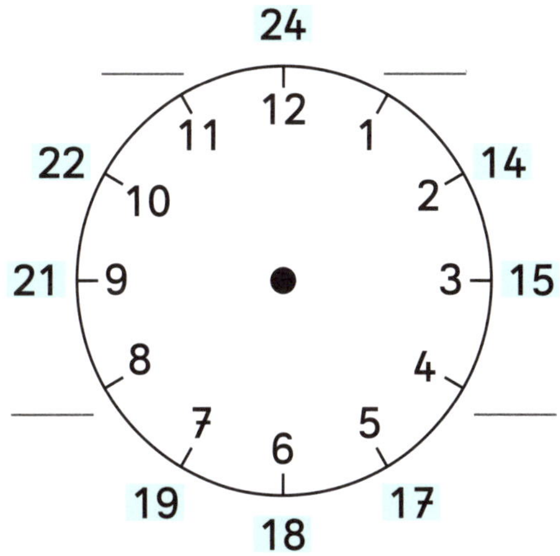

3

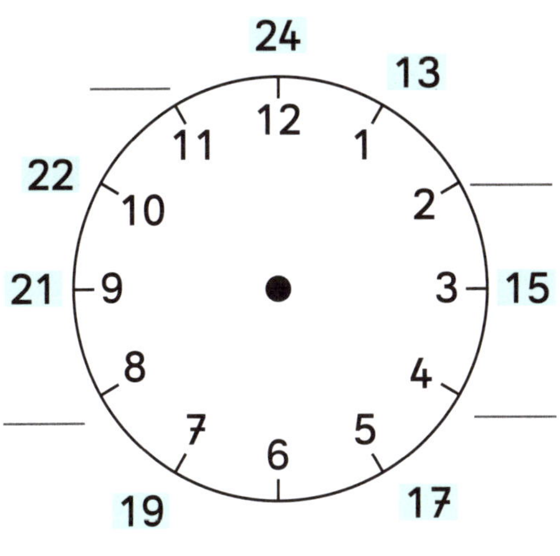

4

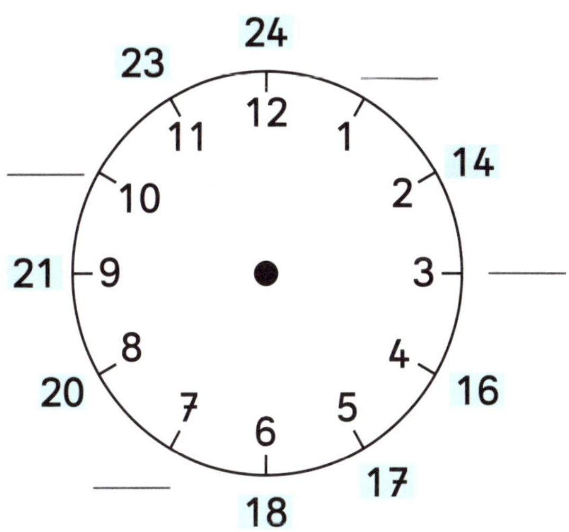

QR-Code: Erklärvideo nutzen.
Die Uhr besprechen. Jede Uhrzeit kann zwei Bedeutungen haben.
Fehlende Zahlen eintragen.

Zeit
Volle Stunden

1

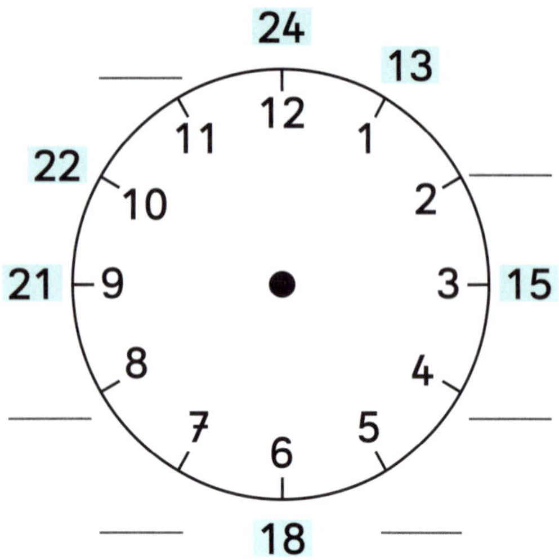

2

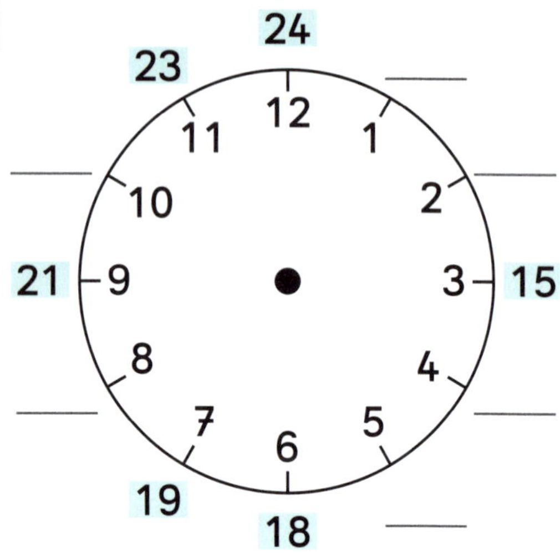

3

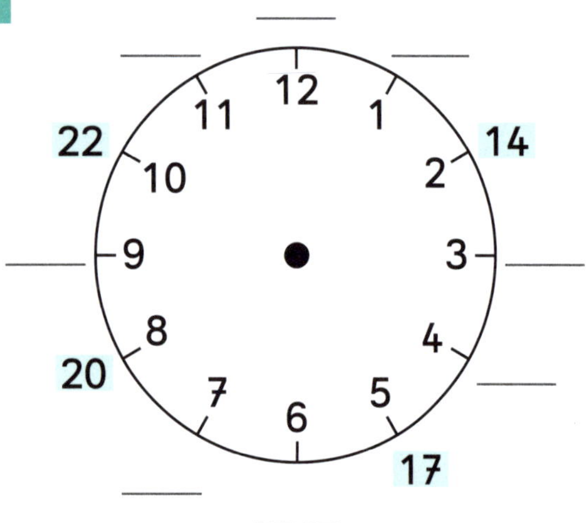

4

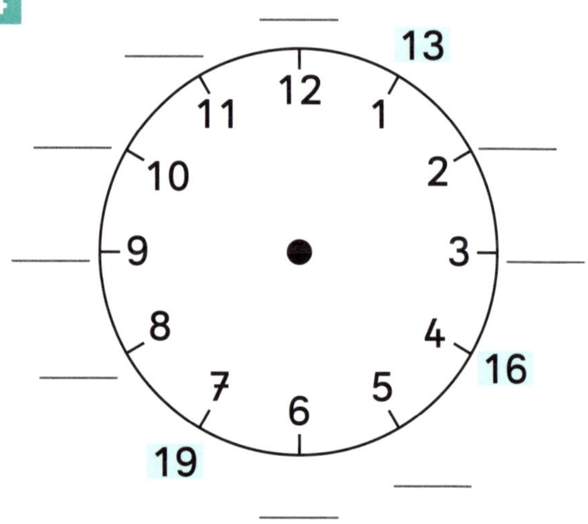

5

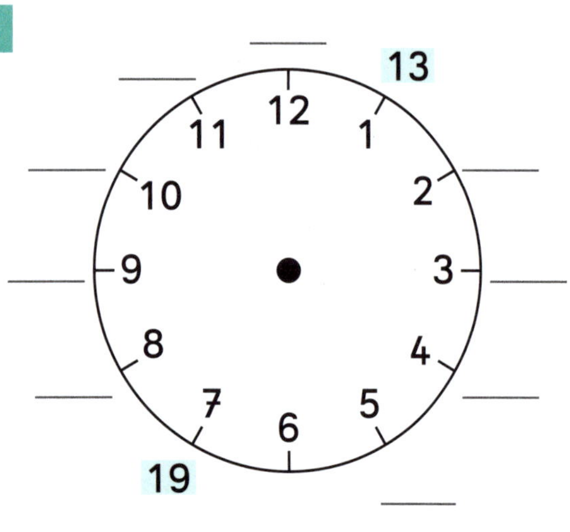

6

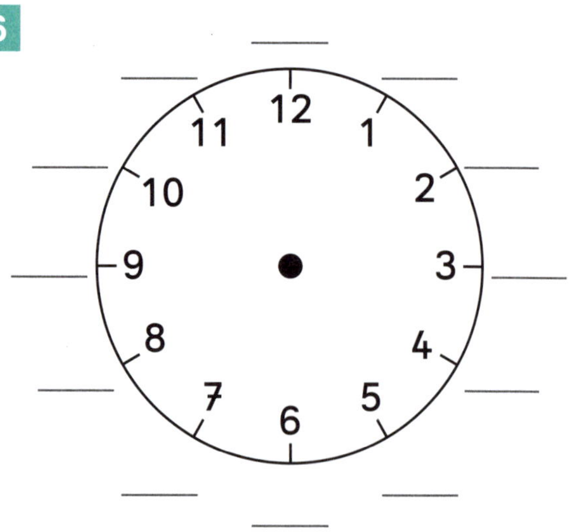

QR-Code: Erklärvideo nutzen.
Jede Uhrzeit kann zwei Bedeutungen haben.
Fehlende Zahlen eintragen.

1

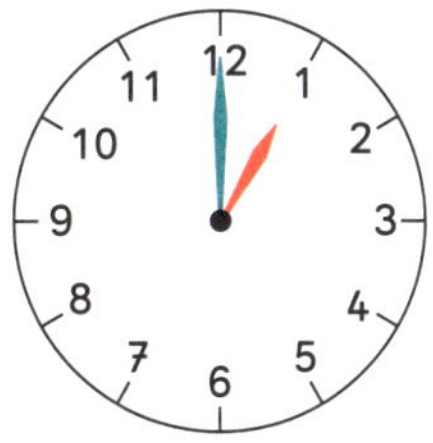

1 Uhr morgens

13 Uhr mittags

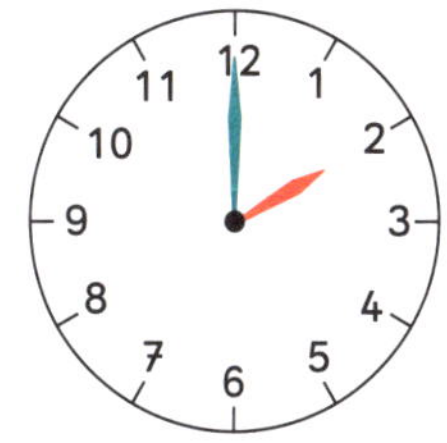

____ Uhr nachts

14 Uhr mittags

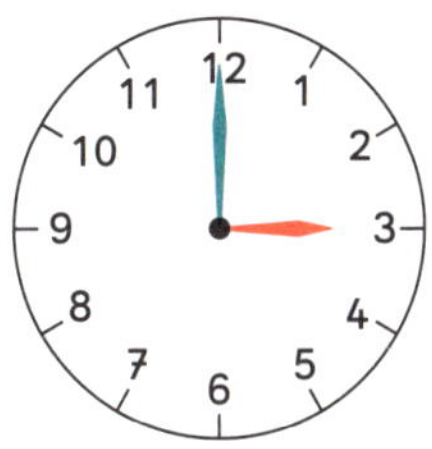

____ Uhr nachts

15 Uhr nachmittags

____ Uhr nachts

16 Uhr nachmittags

2

7 Uhr morgens

19 Uhr abends

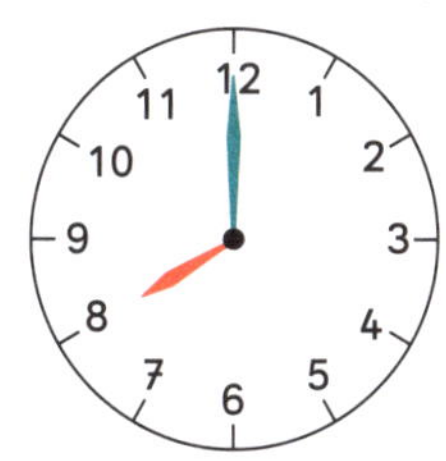

8 Uhr morgens

____ Uhr abends

10 Uhr vormittags

____ Uhr abends

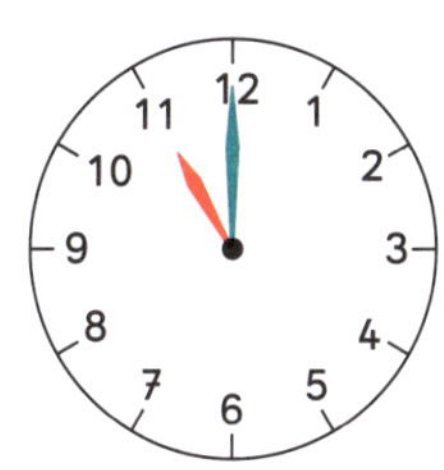

11 Uhr mittags

____ Uhr abends

QR-Code: Erklärvideo nutzen.
Beide Bedeutungen jeder Uhrzeit besprechen.
Fehlende Uhrzeit eintragen.

1

____ Uhr

____ Uhr

____ Uhr

____ Uhr

2

2 Uhr

11 Uhr

3

____ Uhr morgens

21 Uhr abends

10 Uhr morgens

____ Uhr abends

Zuerst Aufgaben lösen, dann selbst einschätzen.